写真と史料でみる
アジアの在来豚
Domestic Pigs Indigenous to Asia :
A Photo and Historical Illustration Record

田中 一榮・黒澤 弥悦　編著
東京農業大学「食と農」の博物館

東京農業大学出版会

企画展「ブタになったイノシシたち展　Wild boars Becoming Pigs — Domestication」の開催による記念出版
会期：平成30年10月26日（金）〜平成31年3月10日（日）　会場：東京農業大学「食と農」の博物館

刊行にあたって

写真と史料でみる「アジア在来豚」の刊行にあたってご挨拶申し上げます。

豚は、私たちの生活にとって身近な家畜としてヒトへ多くの恩恵を齎しています。本書発刊の前段階として東京農業大学「食と農」の博物館では、企画展「ブタになったイノシシたち展」を開催しました。2019年の干支に因んでの開催という意味合いとともに、イノシシ（ブタ）が私たちと如何に関わり合い「食」や「農」に貢献したかを再認識した展示でもあります。

イノシシは、私たちの生活に密接な動物として十二支にいち早く取り入れられたようです。すなわちヒトが健康に生活するためには、「猪突猛進」のごとく、目標に向かうことも重要でしょう。また、生命を繋ぎ反映するためには、栄養価が高く、病気の予防になる猪肉の利用が「無病息災」をもたらしたと考えます。

初夏のころに里山をきのこや山菜取りで散策すると「ウリボウ」に出会うことがあります。その近くには必ず大きな体をした母親らしきイノシシがどっしりと構えており、母性愛を感じます。一般的にイノシシは、季節繁殖で年一回の出産であり、五匹よりも少ない子が育つとされています。さらに肉は、食べる木の実などの種類の違いや季節によってその成分や旨味も大きく変わることも知られています。

人口増加や人間生活の変化に伴い、野山でのイノシシ狩猟では食料としての確保が困難となりました。良質なタンパク源を得るためには、野生イノシシの改良がヒトにとって必要だったのではないでしょうか？

イノシシがブタとなったのは、ヒトに望まれて繁殖や育種が繰り返され、家畜化されて通年繁殖で多産なブタへの道が開かれたからです。

家畜繁殖学に関する新しい技術が開発されると、有用な飼育動物は品種改良や優良家畜の増産効率が向上します。例えばブタであれば病気に強く、多産系であることや良好な肉質を産生することを目指します。このような目的を達成するために料理の素材としての肉質などがアジアの人々に好まれるブタは、時代のニーズに応じていろいろな形で研究されてきました。現在、動物の改良などは、生命倫理や環境保全の面からその方向性を考えなくてはならない時代でもあります。

私たち人間は、他の動物とともに共存し、ヒトとしての繁栄も繋げていかなくてはならないのです。

本書「アジアの在来豚」は、生命が受け継がれる重要な意味合いと次世代に向けた食料などの需要に関する「食」と「農」の源流を多くの皆様に発信する貴重な文献になればと考えています。

国内外の多くの皆様に「動物の家畜化の意味」、「生きることの大切さ」を本書によって感じていただければ幸いです。

末筆ではございますが、本書発刊にあたりご協力・ご支援いただいた各位に心からご挨拶申し上げます。

東京農業大学「食と農」の博物館 館長 　江口 文陽

《目次》

刊行にあたって　江口 文陽　3

はじめに　田中 一榮　6

アジアの在来豚とは　8

在来豚が飼われている地域　9

豚の近縁野生原種　10

史料にみるアジアの在来豚　12

アジアにおける調査国　25

1. 日本　26
　【コラム】沖縄の島豚の特性と成立背景について　高田 勝　34
2. 中国　36
3. 台湾　44
4. フィリピン　50
5. タイ　58
　【コラム】アジアにおけるイノシシ・ドメスティケーションのモデル　西堀 正英　62
6. マレーシア　64
7. インドネシア　70
8. ラオス　80
9. カンボジア　86
10. ミャンマー　92
11. バングラデシュ　96
　【コラム】インドのアッサムにおける在来豚と人　池谷 和信　104
12. ネパール　106
13. ブータン　114
14. スリランカ　118
15. インド　124

参考資料　131

編集後記　132

謝辞　133

執筆関係者　134

はじめに

　豚は世界で最も多く食肉として利用されている家畜である。それ故、豚に関する情報は日常的に食生活をとおしても得られている。中でもわが国において一般に知られていた品種は、鹿児島黒豚として全国的に有名になったバークシャーや、ひと昔前までは中ヨークシャーといった品種が全国の養豚農家で飼われていた。現在は外来品種間の3元交配種といった豚が主流ではあるが、わが国の南西諸島で育まれてきた在来豚の特徴を僅かに残している沖縄原産の琉球豚の「アグー」や、奄美大島原産の喜瀬豚の「キシウヮー」と呼ばれる所謂、島豚の存在が話題となることがある。

　こうした中で戦後の近代的養豚が発展したわが国では、欧米で育種改良された品種が国内各地に普及し、畜産学の教科書や家畜品種図鑑等において紹介され知られるようになった。これに対しアジアの豚については、遺伝資源の観点から家畜の多様性問題が取り上げられ、さらに中国の梅山豚が一腹産子数30頭ほどの記録を持つことが世界で知られるようになると、アジアの豚に注目が集まるようになった。しかし、中国豚が依然としてアジアの代表的な豚として度々取り上げられる中で、その他の国々における豚に関しては殆ど紹介されることはない。

　本書は、1960年に、わが国で組織された日本在来家畜調査団、後の在来家畜研究会に於いて調査された中で、半世紀にわたり豚を担当してきた著者がアジアの15ヶ国を対象に纏めたものである。殊に本書の特徴は写真を中心としているが、読者の方々がアジアの豚の形態特徴を客観的に捉えて理解できるよう、わが国をはじめ海外で飼われてきた豚の史料も蒐集し僅かではあるが併せて紹介した。こうした2種類の二次資料が捉えたアジア全体の豚について纏めた書籍は、これまでにわが国では存在しないし、他のアジアの国々でも見当たらない。

　一般にアジアの家畜といえば、在来という単なる一地方集団として取り上げられ、それらは外来種との雑種化も進み、その国の在来家畜としての形態特徴が明確でないことが多い。ここで対象とされるのは、在来種「indigenous domestic animal」、或いは地方種「local domestic animal」と呼ばれる家畜であるが、それぞれの国によってはその認識が異なることがある。殊に豚についてアジア全域を調査してきた著者からみれば、その国の在来種といっても明らかに外来種との影響を受けたものが在来とされている傾向にある。本書はアジアの国々で調査した豚を比較した中から、その国の在来としての特徴を残していると思われる個体を精選し紹介した。また、明らかに外来種による影響と思われる個体も若干取り上げ、併せて史料の中の豚

とも比較することで、在来種と呼ばれる豚の形態特徴がどのようなものなのかを、認識して捉えることができるよう編集を試みた。

　本書は、家畜品種図鑑のように品種論的な内容を解説したものではなく、主に形態特徴の記録と情報に基づいて分類した豚が、どのような環境で、どのような人々が、そして、どんな方法で飼われているのかという、調査年代時の飼養状況を記録した。所謂、博物学的な視点で捉えた写真と史料をとおして、豚という家畜を広く多くの方々に知って頂くことを目的とした。これまで一般に欧米品種を対象にして豚を語ることが多い。それ故、豚の野生原種であるイノシシとの比較では両者は違う動物種かのように捉えがちである。アジアの多様な在来豚を知ることで、その違いの解釈が果して正しいものなのかどうかを考える機会にもなれば幸いである。

　近代化の進んだ今日のアジアの国々では、既にそうした在来豚と共にその飼養状況も消滅して行くとすれば、本書の記録は極めて貴重であり、どのような形にしても将来に残すうえでの意味は大きい。本書に対する諸賢のご指導とご批判があれば幸甚の至りである。

田中　一榮

アジアの在来豚とは

　先ず一般にアジアの在来家畜といった場合、その各地に存在している野生原種から家畜化され、外来種の遺伝的影響を受けずに、各地の風土や環境に適応し飼われてきた家畜を在来種としている。すなわち、特定の国や地域に野生原種がいないか、いても家畜化されない場合は在来種が存在しないことになる。この考えによると、わが国の在来家畜は、鶏を除いて厳密な意味での在来家畜は存在しないことになる。犬をはじめ牛や馬、鶏などの家畜は、大陸で家畜化された後に様々な文化の伝来と共に持ち込まれ、わが国の気候風土に適応してきた家畜である。

　本書が対象とする在来豚に関して編者が考えるのは、世界でイノシシの家畜化が最も古いとされる中国をはじめ、今日でも野生原種のイノシシと遺伝的関係を持つ東南・南アジアの在来豚だろう。それ故イノシシとは判別できない在来豚も飼われている。殊にそれらの地域ではイノシシの飼育も見られ、現在でも家畜化に繋がるイベントが生じている。まさに、それは在来と呼ぶに相応しい豚なのである。しかし本書では便宜的に欧米品種に対し、それらの遺伝的影響のないものをアジアの在来豚として大きな括りで扱うことにする。

　また、その形態特徴から以下のように分類し、解説を行った。すなわち、1）耳が大きく垂れ下がり、頭部が短広で、顔面しゃくれ、体側には皮皺があり、腹部が垂れるなどの特徴を持つ大型や中型のもの、2）耳が小さく、頭部がイノシシのように長く、背線が真直ぐか、凹むもの、そして頭部は短いが真直ぐで、腹部は極端に垂れ中型や小型の豚がいる。これらの豚を「大耳種型在来豚」と、「小耳種型在来豚」として区別した。3）さらに、それら2種の在来豚とは異なり、野生原種のイノシシと姿形が極めて類似する豚を「イノシシ型在来豚」と呼ぶことにした。しかし、これら3タイプの豚は地域によって互いに交雑し、また欧米品種との交雑も進み、多様な形態特徴を有している場合もあり、3タイプの豚間での特徴は連続的でもある。したがって、それぞれの外見的な特徴では明確に区別するのが困難な豚集団もみられる。またイノシシと豚の形態特徴も同様に両者間で連続的関係にあり、両者を区別することができない豚集団もアジアの辺境域ではみられる。

　尚、それぞれの在来豚の名称は欧米品種のような品種名が明確でない場合が多い。したがって、本書では品種名の明確な日本をはじめ中国、台湾は日本語表記としたが、他は基本的には3タイプに分類した名称、もしくは地域名をあてる場合は英語で表記した。また、各国の豚の解説は基本的には在来家畜研究会報告書等の内容にしたがって纏め、紹介した。

在来豚が飼われている地域

　わが国で在来と称される家畜は、都市部から遠く離れた山間部や離島などに現存し飼われてきた。とりわけ鹿児島県の南西に位置する南西諸島にその存在をみることができる。豚についても奄美・沖縄地方に純粋ではないにしろ、欧米品種とは明らかに異なる特徴を持つ豚の存在が知られていた。

　1960年代後半から1980年代初期にかけて実施されたアジアの他の国々での調査でも、やや近代化が進んだとしても、山岳地や島嶼域などの辺境地に向かう調査では、ボートで密林の川を遡り（写真1）、さらに山ヒルの棲むジャングルを通り抜けて、一見、秘境地とも例えられる地域でも訪ねなければ、在来豚を観ることはできなかった。殊に少数民族が飼う小耳種型やイノシシ型の在来豚は、在来として極めて純度の高い集団として、彼らの暮らす辺境域で維持されていることが多い。つまり、牛や馬などの大家畜が飼われていなくとも、豚は必ずといっていいくらいそれらの地域で飼われている。それは、豚はどんな僻地でも矮小の豚であれば、車が入れない不便な遠隔の地理的環境域にも持ち込まれ易い家畜であるからだ。山岳奥地の集落に向かう調査では度々、矮小の豚を担ぎ山道を運ぶ少数民族（写真2）と出会うことがあった。

　その後約40数年が経った現在、そのような辺境域にも道路ができ、そこで暮らす少数民族社会にもパソコンや携帯電話が普及し、近代化の進んだ国々では欧米品種が飼われ、殆ど在来豚をみることができなくなっている。未だ現存し飼われているとすれば、とりわけ地理的環境や生活環境が厳しい辺境域であろう。しかも国によっては政情不安定で、危険地帯と称されるところでもある。そこでこそ、在来豚として純度の高い集団を観ることができる。半世紀以上にわたる在来家畜調査の中で、実際に軍や警察の同行下で調査された在来豚もあった。それ故、本書で紹介される在来豚は現代においては極めて希少で、二度と観ることの出来ないに等しいといえる。

〈写真1〉ジャングルの川を遡り山岳地の集落へ向かう
Mindoro島　1987年

〈写真2〉森の中の集落に向かう中、出逢った少数民族
Mindoro島山岳地　1987年

豚の近縁野生原種

　豚の野生原種はイノシシ（*Sus scrofa*）である。これは両者を交配させ正常な生殖機能を持つ雑種、所謂、「イノブタ」と呼ばれる家畜を生産できることからも明らかである。それぞれの染色体数は $2n = 38$ でもある。実際、各地の養豚場では雄イノシシが侵入し、雌ブタと交配し雑種が生まれている。アジアの辺境域では粗放的な放し飼いの豚と交雑を繰り返している地域も見られる。したがってイノシシの学名は、豚の学名（*Sus scrofa var. domesticus L.*）にも反映されており、分類学的にはイノシシの一亜種とされる扱いにもなる。イノシシは哺乳類の代表である鯨偶蹄目の牛や山羊、鹿などと同じ分類群に属し、イノシシ科に分類される。鯨偶蹄目といっても他の仲間と異なる多くの特徴を持つ。すなわち、イノシシは森林に棲む雑食性で、木の実、草の茎葉をはじめ昆虫類やミミズなど、そして排泄物をも食べることから自然界の掃除屋（Scavenger）ともいわれている。頸は短く、目は小さく視力は弱いが臭覚が優れている。犬歯が発達し強力な武器にもなる。胃は牛や山羊、鹿などの草食獣の複胃とは異なり単胃である。単独生活であり繁殖期には群れを作り、一夫多妻で、雄同士は闘争して強い雄が雌を独占し、そして、4頭から6頭程の多産であることが大きな特徴である。

　イノシシの棲息はユーラシア大陸を中心に周辺の島嶼域およびアフリカ大陸北部までみられ広大であり、その形態・遺伝的多様性が著しい。実際、哺乳類の形態的分類の基本とされる乳頭数において大陸イノシシのそれは5対から7対と多様であるが、アジアの島嶼域におけるイノシシは4対から5対と乳頭数変異に大きな違いがある。それ

イノシシ（*Sus scrofa*）
分布：ユーラシア大陸、アフリカ大陸北部、日本を含むアジア周辺の島嶼域

スンダイボイノシシ（*Sus verrucosus*）
分布：Malay半島、Java島、Luzon島、Mindoro島、Mindanao島などの島々

に大陸西側のイノシシ集団には染色体数が2n＝36の個体もみられるなど、本種の分類では種や、亜種レベルにおいて度々再検討されてきた。わが国にも、イノシシの亜種であるニホンイノシシ（*Sus scrofa leucomystax*）が本州、九州、四国などに、また南西諸島にリュウキュウイノシシ（*Sus scrofa riukiuanus*）が分布し、とりわけ後者の島集団間で同一亜種にしては形態・遺伝的多様性が極めて高いことが明らかとなり、最近では2亜種にする分類の提唱がある。

他にイノシシに近縁の仲間とされるスンダイボイノシシ（*Sus verrucosus*）、ヒゲイノシシ（*Sus barbatus*）、そしてイノシシ科では最小のコビトイノシシ（*Sus salvanius*）の仲間が限られたアジア地域に分布している。しかし実際、前者2種のイノシシが豚と交配している事実があり、*Sus*属内の種分化の問題が詳細に解明されないまま、新たな分類の提唱がなされるという問題もある。種の定義は「潜在的に交雑可能な自然集団で、他のグループからは生殖的に隔離されている」という生物学的種（Biological species）にしたがえば、*Sus*属内の2種のイノシシと豚の種間交雑の問題が未だ解明されていないため、一応、本書では従来のHaltenorth (1963)の分類に従った*Sus*属の4種とし、その内のイノシシには約30の亜種が存在する。

豚の近縁野生原種とはさらに遠縁になるバビルサ属（*Babyrousa*）がインドネシアのスラウェシ島と周辺の島々に、アフリカにはイボイノシシ属（*Phacochoerus*）やカワイノシシ属（*Potamochoerus*）、モリイノシシ属（*Hylochoerus*）、そして南米にはペッカリー科（*Tayassuidae*）が、それぞれ分布する。いずれもイノシシ（*Sus scrofa*）とは遠縁にあたるため、本誌では紹介程度にとどめる。

ヒゲイノシシ（*Sus barbatus*）
分布：Borneo島、Palawan島の島々

コビトイノシシ（*Sus salvanius*）
分布：Assam、Bhutan

史料にみるアジアの在来豚

　アジアの在来豚、殊にわが国で飼われていた豚の史料がどれほど現存しているかは不明である。ここでは、国内で飼われていた豚が描かれた史料を中心に紹介してみたい。

　先ずイノシシや豚の飼育を想わせる記述は古事記や播磨風土紀などの史料が存在するが、宗教上の肉食禁忌の影響・国家の米重視の政策など、豚飼養を維持する上で不利な歴史的状況に直面し、その結果、豚飼養は衰退への道を辿っていった（西谷、2001）とされる。

　また、わが国への動物渡来の記述について16世紀初頭に完成した辞書『文明本節用集』には「家猪」の収録が初見とある。江戸時代に入ると南蛮交易図に描かれた小耳種型の豚の存在がある。そして江戸時代後期では豚に関する史料が広く散見されるようになる。長崎の出島では家畜の特徴から東南アジアや中国から牛や羊、山羊などと共に移入された豚が、また外国人居住地などの沿岸部では寄港する外国船の船員に豚肉を提供するために、豚が飼われ、それが海外の新聞でも紹介されている。シーボルトが参府の折、豚の眼の解剖および手術を幕府の医官に行ったとされ、また薩摩の江戸藩邸でも豚が飼われ、最後の将軍徳川慶喜は豚肉を好んで食していたという逸話もある。それらがどのような豚であったのか極めて興味深い。そして明治維新を迎え、「日本の博物館の父」と呼ばれる田中芳男が明治6年（1873）のウイーン万国博覧会に新政府の事務官として派遣された時に持ち帰った『独逸農事図解』に、西洋の豚品種と共に西洋式養豚が紹介されている。それが駒場農学校の教科書にもなり、広く西洋品種が知られるようになる。

　一方、肉食禁止令の影響が少なかった奄美・沖縄地方では古くから豚飼育が盛んだったことを想わせる興味深い史料は多い。戦前まで西洋品種とは外貌特徴の違いの判る豚が飼われ、それらは中国や東南アジア方面から持ち込まれた豚である。更には、豚と一緒に伝わったと考えられるその飼養形態や、一見イノシシとの関係をも窺わせる豚の史料もみられ興味深い。現在では、当時の特徴を完全に残した純粋の豚をみることは出来ない。

豕　博物館獣譜　明治初期　東京国立博物館蔵　Image: TNM Image Archires
典型的なイノシシ型在来豚である。4肢の蹄が黒く描かれていないのが興味深い。野生イノシシにもそうした蹄を持つ個体がいる。

臺国豚　長崎古今集覧名勝圖繪　1841年（天保12）　石崎融思 筆　長崎歴史文化博物館蔵
イノシシのようでもある。「和国之豚」の記述があり、わが国で家畜化された豚なのだろうか。

THE ILLUSTRATED LONDON NEWS
(SUPPLEMENT, JAN. 11, 1862)

記事にはJAPANESE PIGSと明記され紹介されている。顔面に深い皺があり、長い大きな耳を持つ大耳種型在来豚。明らかに中国の在来豚である。寄港する外国船の船員に豚肉を提供するために港町で飼っていたとされる。

唐蘭館絵巻　蘭館図　動物園図　川原慶賀画　江戸時代後期　長崎歴史文化博物館蔵
長崎出島で飼われていた動物。図の左下に豚4頭が描かれており、暗褐色と腹部白色、背線が凹み腹が垂下した小耳種型在来豚の特徴を有している。
家畜の特徴から東南アジア方面から持ち込まれたと考えられる。羊と山羊の特徴の違いや、とりわけ山羊では肉髯も詳細に描かれている。

唐蘭館絵巻　蘭館図　調理室　川原慶賀画　江戸時代後期　長崎歴史文化博物館蔵
中国系の大耳種型在来豚が屠畜、解体されている。阿蘭陀人の作業に日本人数名が手伝っている。

琉球嶌真景　江戸時代後期
名護博物館蔵

イノシシのような豚である。奄美大島の風景を描いたとされる。現在の島豚とは姿形が大きく異なる。耳に紐を通した飼い方は東南アジア地域で広く行われている。

南島雑話　名越左源太著　江戸時代後期　鹿児島大学附属図書館蔵
奄美大島で飼われていたイノシシ型在来豚が描かれている。琉球列島ではかつて人間の排泄物を豚に与える飼養法が存在した。
これは沖縄のウヮーフールや中国の猪圏とも異なる原始的な飼養形態と考えられる。

豕　洋船図解（国重要文化財）　江戸時代後期　古河歴史博物館蔵

英国の捕鯨船（サラセン）が燃料、食料、飲料水の補給の目的で1822年（文政5）に来航した時に積まれていた豚。
耳が垂下し毛色は黒の腹白と白黒斑の豚。耳や毛色をみる限り改良の進んだ西洋豚の特徴が表現されている。

 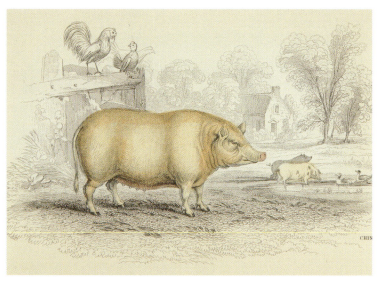

Sus scropha, *Var. Dom. L.*
『Alcide Dessalines d'Orbigny Natural History』1849年　パリ　スティール版画

CHINESE HOG
『William Jardine "Naturalist's Library"』1834年　ロンドン　スティール版画

アジアのイノシシを家畜化した小耳種型在来豚。このような豚が中国や東南アジアからヨーロッパに持ち込まれ、18世紀後半に始まった近代の西洋品種改良に貢献した。学名の表記が現代の *Sus scrofa* と異なっているのが興味深い。

『Barr's Buffon Buffon`s Natural History』1807年　ロンドン　銅版画
東京農業大学学術情報課程蔵

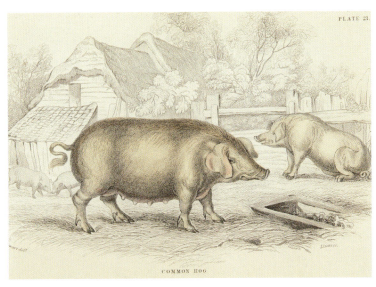

『William Jardine "Naturalist's Library"』1834年　ロンドン　スティール版画
東京農業大学学術情報課程蔵

ユーラシア大陸西側に分布するイノシシを家畜化した西洋の豚品種。西洋では中世までイノシシのような豚だったとされる。18世紀後半に始まった近代家畜改良によって中国・東南アジアから在来豚が持ち込まれ、博物画のような耳が大きく垂下し、巻尾の今日みるような豚品種が造られてきた。

アジアにおける調査国

1. 日本　Japan

調査／1961年・1964年・1975年・1993年・2013年・2016年

　わが国における豚飼養は稲作が本格化した弥生時代とされ、その文化は大陸から持ち込まれたとされている。しかし縄文時代にはイノシシ飼育もあり、初期的な家畜化を思わせる考古学的資料の出土もある。実際にどのような飼育（豚？）であったかは明らかでない。恐らく家畜化の初期的な過程にある野生原種とは変わらない姿形をしたイノシシ型の豚であったと考えられる。明らかにわが国の飼育豚の特徴が分かるのは、戦国、江戸時代になって、いくつかの資料に記録されている。

　奄美・沖縄地方には、唯一それらの特徴を残す豚が僅かではあるが飼われてきた。一般に「島豚」と呼ばれ、奄美大島ではその飼育繁殖が盛んだった笠利町喜瀬集落の豚が奄美地方では広く知られており「喜瀬豚」とも呼ばれてきた。また沖縄の島々で飼われる島豚は「アグー」と呼ばれ、その肉は東京でも広く知られている。

　戦前・戦後には台湾から導入した桃園種、或いはバークシャーなどの欧米品種と交配され、現在の島豚は大型化し外貌特徴も大きく変わっている。しかしながら、明らかに国内でみかける欧米品種とは異なる特徴を備えており、わが国に残る豚として遺伝資源の観点から極めて貴重である。現在、これらの島豚は、殊に沖縄では、離島の島民によって、昔ながらの庭先養豚を想わせる飼養も未だみられるのである。またリュウキュウイノシシと交配させ、イノブタ生産を行う島民も散見される。

大正時代の琉球在来豚　提供：高田 勝
現代の島豚とは外貌が大きく異なり、史料にみる豚の特徴に近い。

琉球豚　雌　沖縄島　1964年
頭部と尾にバークシャーとの交雑による影響が現れている。

喜瀬豚　雌　奄美大島笠利町喜瀬集落　1961年（撮影：林田重幸）
喜瀬集落は豚飼育が盛んであった。奄美地方では喜瀬集落産の豚は飼い易いことと、繁殖の良いことから人気があり、トカラ列島の島民にも知られていた。

島豚　沖縄県名護市　1993年
沖縄県立北部農林高等学校で復元された。

島豚　沖縄県沖縄市　2016年
沖縄こどもの国の展示動物として飼われている。

西表島の島豚　雌　沖縄県竹富町豊原　1975年
宮古島から西表島に入植する時に持ち込んだ系統とされ、
体表に若干皺が認められる。

奄美大島の島豚　雌　鹿児島県大島郡宇検村　1993年
笠利町喜瀬集落から同村に持ち込まれた島豚。

石垣島の島豚　沖縄県石垣市白保　2016年

沖縄の伝統的な豚飼育舎「ウヮーフール」の島豚（展示動物）　沖縄こどもの国　2013年

西表島の放し飼い豚とイノシシの交雑種　沖縄県竹富町　1975年
仔豚の毛色はウリ坊の野生色と白黒斑である。リュウキュウイノシシの乳頭数は4対（8個）〜5対（10個）であるが、
交雑種は5/5から6/7（平均乳頭数＝11.00±0.31）と変異性に富み、副乳頭も現れている。

「沖縄の島豚の特性と成立背景について」

髙田　勝（農業生産法人　有限会社　今帰仁アグー）

改良品種が導入される以前の沖縄では、各家庭に豚が飼育され、行事に合わせ屠り、供犠として使われてきた。島豚が、少数ながら飼育されてきた要因は、儀礼を中心とする生活が続いていたからであろう。豚の特徴が人の生活、習慣から選抜されて来た事は、豚と共に暮らしてきた沖縄で垣間見る事ができる。沖縄の島豚の特徴を述べながら飼育背景を紹介していきたい。

供犠に使われた島豚

沖縄の島豚に白い単毛色の豚は観られない。沖縄では、三牲（三種の生贄）が起源とされる御三味と言う三種類の供犠（豚、鶏、魚等）を扱い、白色が忌避される。白色は喪を表す色であり生贄には使われる事が無い。そのため黒毛色の豚が飼育されるようになったと考えられる。

イノシシから家畜化された豚であるが、改良品種の中にはイノシシの椎骨数より3〜4個多い豚がいる。椎骨の増えた胴伸びの良い豚は、経済形質とされるロースやバラ、乳頭数が増え繁殖や食利用として優位になる。

しかし、供犠に利用する島豚はイノシシと同数の椎骨数である。供犠利用は、総じて突然変異を起こした物を忌避する傾向があり昔から変わらない豚を選んで来たと考えられる。

石組みなどに囲われた狭い空間での飼育

動き回る環境下の豚は、背中が盛り上がり、脚が長く、お腹も平直で腿も太く、主蹄だけで起立する。対して島豚は、ウヮーフールと言うトイレを兼用とする狭い施設で飼育され（写真1）、背中が窪み、脚は短く太く、お腹は下垂し、腿も細くても問題ない。お腹が下垂しているため、子豚の授乳は、母豚が寝ている時だけでな

〈写真1〉

〈写真2〉

く、起立した状態でも観られる（写真2）。そのためか子豚の力による乳首の決定習性が明確ではない。

　また、島豚は蹄から球節の間の部分である繋部分が緩く後蹄である副蹄が地に着く事が多い。この傾向は、中国などで見られる運動量が少ない狭い飼育環境で何世代もの間飼育されて来た豚が導入され、同様な飼育環境が沖縄でも維持されて来た事に由来する可能性がある。

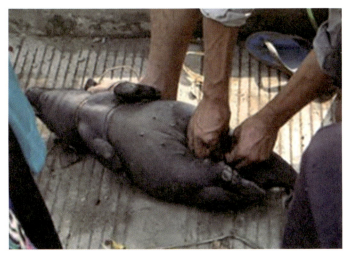

〈写真3〉

性成熟までの期間と卵巣摘出

　島豚は、改良品種の約半分の期間で受胎能力を持つ。成長期間が短く脂肪がつきやすく小柄な豚である。
供犠に使う前提で飼育をしている場合、この特徴があるため、21日周期で訪れる発情を制御し発育促進と儀礼行事時に妊娠、出産が無いよう雌の卵巣摘出手術が行われていた（写真3）。

さいごに

　人は、生活圏の中で都合の良いように家畜を選抜し、家畜も環境に適応しながら変異を遂げている。そのためイノシシから家畜となった豚が各地で異なる形状になっていったと考えられる。
沖縄の風習、儀礼、飼育環境、交易による新しい豚の流入などにより島豚は成立して来た。今後、種の多様性を重要視されながらも経済的形質を加味しながら変異していくと思われる。

2. 中国　China

調査／1983年・1994年・1997年

　中国は世界でイノシシの家畜化が最も早く、多くの在来豚を育んできた。既に紀元前には猪圏（ブタ便所）と呼ばれる明器には改良の進んだ豚も象られ、またローマ帝国へは豚も輸出しており、更に豚の登録も行われていた程、当時の中国社会では豚が広く行き渡っていたのである。

　中国には現在、凡そ60種程の在来豚の存在が知られており、とりわけ梅山豚は産子数が多産であることから世界的に知られている。中国在来豚は地理的に北部、中部、南部、それに高原地域によって体格や体型、毛色、さらには乳頭数など、多様な形態変異がみられ、それにより分類されている。また、中国の在来豚は、18世紀後半にイギリスで始まった近代的家畜改良において多くの西洋豚品種の造成に利用されてきた。また台湾をはじめ東南アジア地域へは民族の移動に伴って多くの中国系在来豚が持ち込まれ、少なからずそれらの地域の在来豚に遺伝的影響を及ぼしている。わが国でも歴史的に中国から度々豚が導入され、長崎をはじめ外国船の寄港する港町では船員に豚肉提供のため、中国豚が飼われていたことが、イギリスの新聞でも紹介されている。琉球時代には冊封氏の訪問の度ごとに多くの中国豚が持ち込まれている。

　飼養形態は大耳種型在来豚などにみる伝統的な飼育舎をはじめとする囲い方式であるが、高原地帯や南部の山岳地では粗放的な放し飼いがみられる。

梅山豚　雄　江蘇省 嘉定県　1983年
大耳種型在来豚で顔面と体躯に皺壁を有し黒色であるが4肢の先端が白い。
本種は中国豚の中でも最も多産で一腹30頭以上の場合もあり、国外からも注目されている。

八眉豚　雌　陝西省　1994年
梅山豚より皺壁は少ない。梅山豚と同様に耳が大きく垂れている。額に縦の「八」の字のしわがあるため八眉の名がある。
5〜6千年前から豚が飼われてきた当地方の在来豚である。

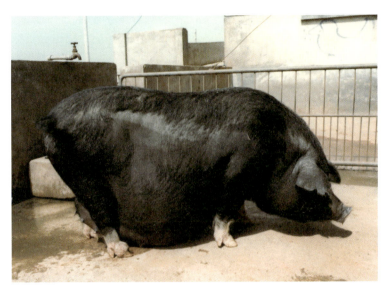

大囲子豚　雌　湖南省　長沙県種豚場　1983年
体躯は肉脂用型であり、毛色は黒色で4肢の先端が白く、
頭部は長型と短型があるが、何れも耳は大きく垂下している。

寧郷豚　雌　湖南省 寧郷県　1983年
耳は小さく垂下し、頭部と体上半部黒色で下半部は白で境界は灰色。

安康黒豚　雌　陝西省　1994年
耳は垂下しているが梅山豚や八眉豚より小さい。

大花白豚　雌　広東省 順徳県　1983年
頭がやや小さく、耳はやや大きく垂下し、額には皺が多くあり、背線が凹み、腹部は垂下している。全体に白色であるが、頭部と臀部が黒色。

北京黒豚　雄　北京市　北郊農場　1983年
河北省定県地方の在来豚に各種の外来種を用いて選抜育種により1953年に黒色種として認定された。

西蔵豚　チベット自治区　1994年（提供：常 洪）
チベット東部、雲南省西北部の高地で飼われている豚で、適応性に優れているとされる。

豚追い　陝西省　1994年

3. 台湾　Taiwan

調査／1966年・1976年

　台湾は地理的環境や歴史的・文化的にも中国との関係が深く、家畜も当然、中国由来のも多い。とりわけ豚では大型の桃園種が中国の代表的な在来豚である梅山豚の形態特徴に酷似しており、体全体に深い皺壁の異様な外貌特徴を有している。17世紀の福建省から漢民族の移動で台湾に持ち込まれたとされ、各地で美濃種や頂双渓種といった在来品種に分化し飼われてきたが、現在ではそれらの飼養頭数は極めて少ない。1967年・1976年の2回に渡る調査では限られた地域でしか観察されなかった。

　一方、中央山岳地や本土周辺の離島には原住民の高砂族が暮らしており、彼らが飼う豚は桃園種よりも小型で遺伝的特徴でも明確に異なる。大型で耳が大きく垂下っている桃園種のそれよりも小さいことから台湾小耳種と呼ばれ、黒色小耳種と褐色小耳種とに分類されている。後者はタイワンイノシシ（*Sus scrofa taivernaus*）を家畜化したものとされているが、イノシシから度々遺伝子流入を受けていた可能性もある。こうした小型豚は東南アジア地域の山岳地や島嶼域でも広く飼われており、かつて琉球列島にも耳の小さい豚が飼われていたことは、わが国に残る琉球嶌真景や南島雑話の史料からも窺う知ることができるが、これらが台湾小耳種と同系統かは分からない。

　1976年の高雄県茂林郷多納村の調査では、10年程前に観察した小耳種は飼われていなかった。そして同年、台湾本土の南東の太平洋上の島、台東県に属する蘭嶼を訪ねたときには、明らかに小耳種が同島で暮らす原住民のタオ族による伝統的な放し飼いで飼われていた。毛色は黒で、東南アジア地域で飼われている小耳種と比べると大型化した豚で形態分化が認められていた。

桃園種　雄　桃園県　1966年
別名、奇面豚とも呼ばれる大耳種型在来豚。胴体に深い皺壁を持ち、中国の梅山豚と外貌特徴が酷似するが、4肢先端は白ではない。

桃園種　雌　台中県　北斗分場　1966年
雌は雄に比べ、皺壁が少ない。

美濃種　雌　高雄県　美濃鎮　1966年

頂双渓種　雌　宜蘭県　礁磎　1966年

台湾黒色小耳種　雄　高雄県　茂林郷多納村　1966年
若干皺壁が現れているが桃園種より少ない。

台湾黒色小耳種　雌　高雄県　仁愛郷　1966年
腹部が若干垂下している。

台湾小耳種　雌　台東県　蘭嶼　1976年
台湾南東に位置する小島、蘭嶼のタオ族によって粗放的飼育が行われている小型な豚。

台湾小耳種　高雄県　小琉球（台湾南西洋上の島）　1966年
耳に紐を通した繋留の飼養法は奄美・沖縄地方でもかつて行われていた。

4. フィリピン The Philippines

調査／1971年・1976年・1982年

　フィリピンは7500を超える多くの島々から成る国で、その3割が人の暮らす島とされる。そこには多くの在来豚が現存していると思われていたが、1976年、島の農村地帯の調査では欧米品種が導入され雑種化の進んだ豚が多く散見された。しかし1982年、ルソン島北部の山岳地の調査では極めて純度の高い矮小の小耳型在来豚が飼われていたが、現存しているかどうか明らかでない。

　さらに同年、Mindoro島中央部の山岳地のジャングルで暮らす少数民族の飼う豚が、直接の野生原種であるイノシシ（*Sus scrofa*）とは分類学的に種を異にする、同島に棲息しているスンダイボイノシシ（*Sus verrucosus*）と種間交雑が生じている集団を観察した。

　これまで豚の野生原種はイノシシ（*Sus scrofa*）の単一種と考えられてきたが、家畜化において他の野生原種も加わり、アジアの一部の豚は分化成立してきたとも考えられる。またPalawan島に分布するヒゲイノシシ（*Sus barubatus*）も飼育が行われ、現地の豚と交雑している報告がある。飼育は集落内での放し飼いであるが、Mindoro島山岳地の少数民族は高床式の住居で仔豚を飼っていた。

小耳種型在来豚　雌　Cebu島 1971年
耳にボタンのようなものが通され繋留されている。そのボタンはフィリピン北東のBatan島ではホバイとも呼ばれている。

スンダイボイノシシ（*Sus verrucosus*）と交雑された豚　Mindoro 島山岳地　1982年
仔豚はウリ坊の野生色。母親はスンダイボイノシシの特徴が、濃い黒の毛色と顔面に現れているようでもある。

高床式の住居内で飼われる仔豚（中央奥）　Mindoro 島山岳地　1982年
仔豚はウリ坊の毛色ではなく、濃い黒色である。

仔豚と世話する女性　Luzon 島北部山岳地（Ifugao）1982年
仔豚はウリ坊の毛色と黒色。

庇の内側に張り巡らされたイノシシの頭蓋骨　Luzon島　Ifugao族の家屋　1982年

イノシシ頭蓋骨の調査　Luzon島　Ifugao族の集落　1982年
豚との違いを調べる。

小耳種型在来豚　Luzon島北部山岳地（Ifugao）　1982年
黒毛で4肢先端は白。乳頭数5対。放し飼いの豚には頸枷が付けられていることもある。

小耳種型在来豚　雌　Luzon島　Ilocos　1976年
仔豚が哺乳中。

イノシシ型在来豚　雌　Luzon島　Ilocos　1976年

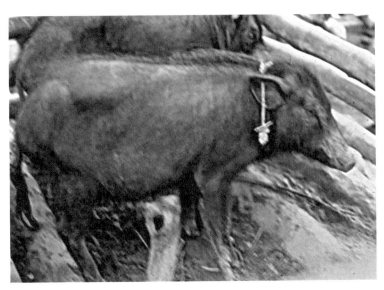
小耳種型在来豚　雌　Panay島　Iloilo　1976年

小耳種型在来豚　Palawan島　1976年

5. タイ Thailand

調査／1971年・1972年

　タイ国は東南アジアの内陸諸国の中ではマレー半島の一部を含み南北に広がる国土を有しており、ここで飼養される豚は地域によって形態的に明確に3種に分類することが可能である。すなわち、南部地域に多く飼われる中国豚海南種の毛色を有しているHainanと、主に北部山岳地に多く飼われるが、東北部や南部地域でも飼養されている矮小の豚をSmall-Thai、そして中部地域で飼われる大型の豚で現地ではKwaiと呼んでいるが、調査では便宜的にLarge-Thaiとして分類し報告した。HainanとLarge-Thaiは中国系豚の遺伝的影響を受けており、大型で乳頭数においても5対～7対と変異が著しい。一方、Small-Thaiは矮小の小耳種型在来豚で乳頭数は4/5～6対と少なく、中にはイノシシ型在来豚にも酷似しているような豚も観察された。地域によってはそれら3種の交雑と思われる集団も観察され、また欧米品種との雑種化も進んでいる。飼養は放し飼いと繋留によって行われている。

Hainan種　雌　Mahasarakan Livestock Station　1972年
中国の海南種に類似し、タイではHailumと称される。主として南東部海岸地域のChanntaburiおよびマレー半島部のRanong以南に分布。

Large-Thai　雄　Nakorn Sawan　1972年
タイの中央部で小集団として飼養されてきたKwaiと呼ばれる黒色の大型在来豚。他の地域のNakorn RajasimaやPhayaoでも飼われていたが、飼養頭数は極めて少ない。

Small-Thai　雌　Chiengrai Eko族集落　1971年
主として北部山岳地域に多いが、北東部のUbol, Satulなどでも飼養される。
台湾小耳種に類似する在来豚で、タイではRaad, Nong-Kong, Keepraなどと呼ばれている。

アジアにおける
イノシシ・ドメスティケーションのモデル

西堀 正英（広島大学大学院生物圏科学研究科）

　東南アジア島嶼各国における家畜は，生産性を極めた改良商業品種ではなく、生産性はさほど高くはないが地域に密着、気候に適応し、地域の感染症にも強い在来家畜がいまだ優先して飼養されている。とりわけブタやニワトリは今日でもそれら家畜の野生原種が同所的に棲息しており、産業的にも科学的にも極めて好ましい状況である。そこでは餌付けや罠（わな）を利用して、イノシシやヤケイを飼い慣らし、あるいは捕獲して利用されている。

　私は，このようなアジアの在来家畜における遺伝学的調査研究を在来家畜研究会のメンバーの一人として1997年ラオス調査から本格的に始動した。アジア在来豚を調査されていた黒澤先生とはラオスでご一緒し、糞に塗れた子豚を捕まえ，採血および生体情報の計測をお手伝いしたことから「同じ釜の飯」研究者の一人として加えていただいた。ラオスでは、当時の私にはイノシシなのか？在来豚なのか？も区別がつかない個体が農家の周りで自由に餌を食べ、ヌタ場で昼寝をしていた。それがイノシシであれば家畜化（ドメスティケーション）とは自然でいかにも簡単なイベントなんだと感じた。しかし、それらはいかにもイノシシに良く似た在来豚。決して柵で囲われずフリーレンジで優雅に生活する在来豚であり、それが東南アジアの在来豚との初めての出会いであった。ラオスには1997年から2年で3回行った。

　あれから20年。黒澤先生と「ドメスティケーション」について議論をし、東南アジアでの調査と並行してそのモデル（事例）を探してきた。

　2018年6月、ThaiのBangkokとChain Maiとの中間に位置する街・PhitsanulokにあるNaresuan UniversityでRangsun博士とタイのイノシシについて議論をしていると、Phitsanulok郊外の村・Watpotにイノシシの餌付けをしている農家があると言うので議論も早々に訪問した。ヒルサイドに位置する農家に到着すると、農家の女性がバイクにまたがり待っていてくれた。[สวัสดีครับ]と挨拶をすると、女性はバイクのクラクションを断続的に鳴らし始めた。すると、森林の中からイノシシが次から次へとやって来た（写真1）。これがイノシシを集める合図だそうだ。この農家では約10年前に、農家横の畑に現れ

〈写真1〉森林から餌を求めて集まるイノシシ。

たイノシシに野菜屑などを与えてみたら食べだし、これを毎日繰り返すと日増しにイノシシの数は増えていったそうだ。それ以来この10年間、この畑と農地を電牧で分け、毎日残飯や野菜くずを与え続けた。するとさらにイノシシの数は増え、そのうちウリ坊を連れた家族も含めここにやってくるようになった（写真2）。農家では年に数回、若い個体を間引いて潰し、食しているという。餌を毎日与えていることもあり、やってくるイノシシの栄養状態は非常に良く、まるで在来豚のごとく成長している。餌を与える女性の近くまで寄ってくるのは若い個体とその母親のみで、成熟したオス個体はその集団からやや離れたところで餌を食べ、決してそれ以上人に近寄ろうとはしない（写真3）。まさに連続した餌付けが家畜化（ドメスティケーション）のモチベーションとなった典型的なモデル（事例）であろう。これらの個体を人為的に管理し、繁殖させるようになれば人類の歴史に見られる家畜化のイベントとなる。黒澤先生と常に議論してきたように、家畜化は餌付けのようなアクションで比較的容易に成し得るイベントであることの典型的なモデルであろうと思われる。このモデルにおいて、これらのイノシシがその行動からブタと交配をした半野生化イノシシとの懸念も残る。このことからこのタイで餌付けされた集団の遺伝子解析を試み、純粋なイノシシ集団なのか、あるいはブタ遺伝子を持ったイノブタ集団なのか、次なる興味が湧いてくる。

このPhitsanulokモデルは、これまで黒澤先生が報告されてきた沖縄や奄美大島他、アジア各地で行われてきたイノシシの飼育に繋がるものであり、家畜化イベントの不思議を解明する一助になるものと思われる。

〈写真2〉エサには幼獣と母親が集まる。

〈写真3〉オスは人に近寄らない。

6. マレーシア Malaysia

調査／1974年

　回教国であるマレーシアは、中国人やその他の少数民族によって豚が飼われている。その飼養分布は東西マレーシアにおいて明らかに異なる。すなわち、ユーラシア大陸に繋がるマレー半島部の西マレーシアでは在来豚の飼養は極めて少なく、タイ国に接する北部の地域で主としてタイ人により飼養されている他は、南部の比較的中国人の多いMelakaとJohorの州で少数飼われている。一方、Borneo島北部の東マレーシアではSabah, Sarawakの両州とも中国系の人が多く、また原住民（Bajaru族を除く）も豚を飼う習慣を持ち、特に彼らの居住する山岳地域の集落では在来豚の飼養が盛んである。

　これら在来豚の毛色はいずれの地域も、黒色で脚部のみまたは脚部と腹部が白色のものが多く、西マレーシアでは一見海南種の遺伝的影響を受けているようにも思われ、特に南部で確認された少数の在来豚は、海南種あるいは広東種（Fischer, 1963）のタイプであった。また、東マレーシアの両州における在来豚の形態はタイ国におけるSmall-Thaiおよび台湾の小耳種に酷似していた。

典型的な海南種系の在来種　雌　Kelantan州　1974年
耳が小さく左右に平行に倒れているのが特徴。マレー半島のタイ国とする州で、タイ系マレー人により飼養されている。

大型の小耳種型在来豚　Johor 州　1974 年
体は大きいが耳は小さい。マレー半島の南部には中国系の村落もあり、一部にはバークシャー種による雑種化も認められた。

イノシシ型在来豚　Sabah州 Tomis　1974年
Kinabalu山に連なる標高千メートルの尾根道を下ったTomis村、豚は周辺に棲むヒゲイノシシ（*Sus barbatus*）と交雑している可能性がある。

放し飼いの小耳種型在来豚への給餌　Sabah 州 Tomis　1974年

小耳種型在来豚　Sabah州 Tuaran　1974年
珍しく囲いで飼養され、毛色は白色に黒斑を有している。

小耳種型在来豚　Sarawak州 Stass　1974年
ボルネオ島のインドネシア国境に接する山岳地で、
Dayak族により高床ロングハウスの周辺で放し飼いされている。

7. インドネシア Indonesia

調査／1980年

　イスラム教を国教とするインドネシアでは豚の飼養は特定の地域に限られている。すなわち、13世紀以降のイスラム教伝来に対して殆ど影響を受けることのなかったBali島はじめ周辺の諸島、およびその後に伝来したキリスト教の浸透した地域がそれである。インドネシアでは東南アジアの他の諸地域と同様に古くからの在来豚が飼われていたことは明らかで、それらの中でSumba豚、Bali豚およびNias豚などが知られている。これら在来豚の起源についてはSumba豚は同地に棲息するイノシシ（*Sus scrofa vittatus*）から家畜化された可能性があるとされ、またBali豚については、年代は明らかではないが中国の華南地域および海南島から華僑によって持ち込まれたとされている。東南アジアにおける広範な島嶼域のうち、その大部分を占める同国には豚の近縁野生種が数種棲息しており、豚の家畜化では1つのセンターでもあると考えられている。

　調査されたSumatra島北部の平野部のKaro豚と、山岳地のBatak豚、Sulaweshi島山岳地のToraja豚、およびBali島のBali豚の中では、Karo豚は中国系豚の遺伝的影響を受けており、最も大型（雄：体高＝58.8±2.16）の在来豚であった。Batak豚は典型的なイノシシ型在来豚と、Toba湖のSamosir島で飼われている極めて矮小の小耳種型在来豚の2種のタイプでありそれぞれ外見的に異なることから、両者の系統的な違いに興味が持たれる。殊に前者についてはイノシシとの遺伝的関連性が考えられる。Toraja豚もまた非常に矮小（雄：体高＝44.3±5.99）の小耳種型在来豚で、また乳頭数は4/5〜5/5と非常に変異が低く、ほぼ均一だった。さらにBali豚は中国系の海南種の影響と思われ乳頭数がKaro豚と同様、5/5〜7/7の変異を有する傾向にある。在来豚の蛋白・酵素型変異の遺伝子頻度が島間で遺伝的分化が進んでいると考えられる。

Batak豚　雌　Sumatra島　Batak地区 Parapat　1980年
体型がイノシシのようでもある。低地のKaro豚とは形態特徴が大きく異なる。

イノシシ型在来のBatak豚　Sumatra島　Batak地区 Parapat　1980年
襷掛けしている長い紐は市場で一頭ずつ繋留するため。

街中を移動するBatak豚　Sumatra島　Batak地区 Parapat　1980年
群れによる市場への移動。

集落内で放し飼いのBatak豚　Sumatra島　Batak地区 Parapat　1980年

Batak豚　Samosir島　Batak地区 Parapat　1980年
興味深い竹で頸を挟んだ繋留法で飼われている極めて矮小の小耳種型在来豚。
Sumatra島北部高地のToba湖の中にあるSamosir島の豚集団で、閉鎖的であるため在来豚としての純度は高い。

Karo豚　雌　Sumatra島　Karo地区 Kabanjahe　1980年
耳がやや大きく左右に平行に倒れている。

Karo豚　雌　Sumatra島　Karo地区 Kabanjahe　1980年
背中が凹み、腹部が垂下している　全身が黒毛。

75

豚の市場　Sumatra島　Batak地区　Parapat　1980年

Bali豚　Bali島　Padang Sambian　1980年
農家で囲飼いされている。

Bali豚　Bali島　Klung kong　1980年
海南種系の小耳種型在来豚。頸枷を用いて飼われている。

Toraja豚　Sulawesi島　Toraja地区 Rantepao　1980年
海南種と同様の毛色をした小耳種型在来豚。竹製の高床の飼育舎で飼われている。

Toraja豚　Sulawesi島　Toraja地区 Rantepao　1980年
かなり純度の高い黒色の小耳種型在来豚。

豚の市場　Sulawesi島　Toraja地区 Makale　1980年

8. ラオス Laos

調査／1997年・1998年

　ラオスは東南アジアの内陸部に位置しており、豚飼養は調査されたほぼ全域で観察された。しかし比較的純度の高い在来豚は、北部および東部山岳地で飼養されていた。殊に東北部のXieng Khouang周辺に居住する少数民族の集落では、多くは中型（雌：体高＝59.4〜55.5、胸囲＝112.2〜109.5）の小耳種型在来豚であり、その乳頭数は5対と均一で極めて純度の高い在来豚と考えられる。中国との国境地域をはじめ他の地域では5/6、6/6、6/7、7/7の変異がみられ、その平均値も10.46〜11.20と高い。とりわけVientianeやChampassak周辺では欧米系品種が導入されていることから、その遺伝的影響によるものと思われる。毛色は黒色が最も多く、次に黒色で4肢が白色のものと背中が黒色で腹部が白色のものが国内全域で観察され、また白一色や野生色のものも低頻度で観察された。

　飼養法は基本的には放し飼いである。ラオスでは元々飼育舎はなかったとされるが、中国国境のLuang Namthaをはじめ他の地域ではいくつか観察された。豚の後脚に紐で括る繋牧法があり、市場に連れて行くときなどでは、その方法で行われていた。豚の頭に竹や木製の棒によるカーと呼ぶ頸枷を装着する方法も見られる。一方、南部のChampassak周辺では豚に頸環のようなものを装着し、それに紐をつけ、民家の床下で飼われていた。市場でもこの方法によって多くの豚が売り出されていた。ラオスはアジアの中でも豚を飼養する民族間で多様な飼養法が存在しており、その飼養文化の源流や家畜化の起源を考えるうえで興味深い地域といえよう。

小耳種型在来豚　雌　Bokeo　1998年
黒色で4肢先端が白。

小耳種型在来豚　雌　Bolikhamxay　1997年
黒色で4肢先端が白。背線が凹み、腹部は垂下している。

小耳種型在来豚　Vientiane 1997年
市場の豚。

小耳種型在来豚　Luang Namtha　1998年
市場の豚。

小耳種型在来豚　雌　Xiengkhuang　1997年
市場で繋留される豚。

小耳種型在来豚　雌　Xiengkhuang　1997年
街中を連れ、市場へ向かう。

農村地帯の集落　Vientiane　1998年
夕刻、飼い主の女性が集落の放し飼いの豚に声を掛けわが家に連れて行く。

ウリ坊の仔豚と授乳中の豚　Vientianeの農村地帯　1998年
母親はイノシシのような野生色。

豚の屠畜・解体　Bolikhamxay　1998年
母親が子供たちに解体を指示していた。

豚の市場　Xiengkhuang　1998年

9. カンボジア Cambodia

調査／2002年・2003年・2004年

　メコン川以西の平野部とベトナム国境沿い山岳地に現存する在来豚を調査した。先ずクメール王朝（9〜13世紀）アンコール遺跡群のバイヨン寺院回廊壁面に、鰲を持つイノシシ型在来豚が表現されたレリーフがあり、この国の在来豚を知るうえでは極めて貴重である。

　豚は各地の農村地帯の集落では放し飼いである。平野部には耳は小さいが若干倒れ、背が凹み、背中が黒色で腹部が白色等の個体が多い。乳頭数は10〜15（平均＝13.20）と変異が大きく、海南種の中国豚の遺伝的影響と考えられ、遺跡に表現されているようなイノシシ型在来豚は観察されなかった。むしろ欧米品種との雑種化が進んでいた。

　一方、東部山岳地の南部と北部では、海南種型の豚もみられるが、耳小さく立ち、背真直ぐ、野生型毛色の個体が多い。乳頭数は南部で10〜14（平均＝11.69）、北部で10〜13（平均＝10.92）であった。平均乳頭数は、この国の平野部から東部山岳地、ラオス内陸部の方向に、13.2から10.0（イノシシ型基本乳頭数5対）へと減少する。小耳種型在来豚は意図的改良過程を全く経ていない在来豚集団である。その一つがカンボジア山岳地帯周辺に比較的純度の高い状態で現存していることが考えられる。またイノシシからの遺伝子流入の可能性もある。山岳少数民族は専ら放し飼いするが、伝統的住居に豚を自由に出入りさせている、興味深い豚飼養文化も存在している。

　これは形態特徴の調査と併せて、イノシシの家畜化過程を探るうえで注目すべき民族事例である。この国の小耳種型在来豚は、この飼養文化と共に消滅の危機にあり、何らかの保全施策が望まれる。

バイヨン遺跡群建造物のレリーフのイノシシ型在来豚（牛車の下） 13世紀頃　Siemreap　2003年

小耳種型在来豚　雌　Phnom Penh　2003年
背中が黒色。腹部が白色。その境界が灰色の毛色。乳頭数は6対。

小耳種型在来豚　雌　Kompong Thom　2002年
4肢が白色。頭部と胴体は黒色。その境界は灰色の毛色。乳頭数6対。

授乳中の小耳種型在来豚　雌　Rattana Kiri　2004年
仔豚は白に黒斑の毛色。乳頭数は5対。

小耳種型在来豚　雌　Rattana Kiri　2004年

欧米品種との交雑種　Koh Kong　2002年
頭部の特徴や乳頭数変異（6/6 〜 7/8）に外来種との雑種化の影響が現れている豚。

伝統的住居の集落内での放し飼い豚　Rattana Kiri　2004年

Mondul Kiri　2004年

小耳種型在来豚　Mondul Kiri　2004年
少年と比較すると非常に矮小であることが分かる。
イノシシからの遺伝的特徴が毛色に現れているようにもみえる。

住居内で飼われる豚　Mondul Kiri　2004年

豚を呼び込む母親と娘　Mondul Kiri　2004年
少数民族の女性たちは豚を飼い、また可愛がる。
イノシシの家畜化ではその役割は極めて大きかったものと考えられる。

10. ミャンマー Myanmar

調査／2000年・2001年

　ミャンマーは東南アジアの国々の中で中国とインド国境と接しており、家畜の飼養文化においては、それらの国々と関係を持ってきたと推察される。それにイギリスの植民地時代が長かったこともあり、同国で飼われる在来家畜の飼養にも西洋品種の影響を強く受けてきたと考えられる。ここで飼われる在来豚は東南アジア地域と同様、矮小の小耳型在来豚であるが、中国豚や欧米品種との雑種化がかなり進んでおり、外貌特徴に多様な変異が生じていた。すなわち、耳がやや大きく左右両側に平行に倒れているものや完全に垂下している大耳種型の豚が多く観察された。とりわけ典型的な中国在来豚の特徴である顔面がしゃくれ、頭部と胴体に深い皺壁を有する豚や、また無毛症と思われる個体も数例観察された。

　興味深い形態特徴は乳頭数変異である。すなわち、基本的に小耳種型とイノシシ型在来豚は5対であるが、調査されたイノシシとの雑種個体は6対であり、中国豚を含む大耳種型在来豚では6対から7対、それに7/9の変異を有していた。また乳頭の付着状態も均一ではなく、副乳頭の存在も確認された。

　このようにミャンマーの在来豚は、東南アジアの豚集団の中では形態特徴に著しい変異が認められる。雑種化により、極めて純度の高い小耳種型在来豚は極度に減少しているといえよう。イノシシとの雑種個体はバングラデシュとの国境の山岳地Chin州で確認され、豚集団への遺伝子流入も生じている可能性がある。

小耳種型在来豚　雌　Bago　2001年
ミャンマーでは、このような在来豚は少なくなっている。

無毛症(hairless)の豚　雌　Bago　2001年
顔面に梅山豚や桃園種のように皺壁がみられる。

小耳種型在来豚　雌　Shan　2001年
豚の世話は子供であった。子供と比較すると如何に矮小の豚であるかが分かる。

雑種豚　Sagaing　2001年
仔豚の毛色変異が多様である。各地の農村では多くの欧米品種が飼われ、雑種化が進んでいる。

11. バングラデシュ Bangladesh

調査／1985年・1986年・2002年・2007年・2008年

　バングラデシュは東側のミャンマー国境にアラカン山脈があり、東南アジアとは文化や人種などで大きく異なっている。国土のほぼ全域が平地で、中央をガンジス、ジャムナおよびブラマプトラといった大河のデルタを成す国である。国土面積14万km²とわが国の北海道の1.8倍であり、ここに暮らす9000万に及ぶ人口が密集し、住民の80％が豚を忌避する回教徒とされる。しかし豚は、農村地帯だけではなく、首都ダッカの街中でも飼われている。殊に100～200頭の群れを数人の牧夫が行う極めて興味深い遊牧的な飼養が存在する。また、興味深い繋留法や簡素な飼育舎での飼養、さらには東側の山岳地では集落内での放し飼いも見られる。

　形態的には平野部は典型的なイノシシ型在来豚で、中にはイノシシとは判別が難しい個体も飼われている。また山岳地では平野部とは異なり東南アジア地域で多く飼われている矮小の小耳種型在来豚が観察される。すなわち、バングラデシュにおける平野部と山岳地で飼われる在来豚は形態や遺伝的特徴からみると、ブラマプトラの大河などの地理的障壁で東西間で分化しているものと考えられる。実際に、大河の西側の豚集団では肉髯を有する個体が高頻度で観察され、また蛋白・酵素型変異の遺伝子構成やその頻度が大きく異なっている。

　調査を定期的に繰り返すと、欧米品種の飼養が国内で散見される傾向にある。バングラデシュは回教国である故に、国外からの豚品種の導入は積極的ではなく、アジアの中では極めてイノシシに近いイノシシ型在来豚が現存してきた国である。

小耳種型在来豚　Sylhet　1987年
イノシシ型在来豚からの遺伝的影響が見られる集団。後方は飼育小屋。

イノシシ型在来豚　雌　Tangail　2007年
首輪で木に繋留されている。

イノシシ型在来豚　雌　Rajshahi　2007年
頭部から背中に発達した鬣が見られる。

イノシシ型在来豚　Kushtia　2007年
街中の民家裏側で飼われる。

授乳中のイノシシ型在来豚　Jessore　2007年

大河を渡る遊牧豚　Netrokona　2007年　（撮影：M.O.Faruque）

大河の中の遊牧豚を管理する牧夫　Netrokona　2007年　（撮影：M.O.Faruque）

森の中で飼われる豚　Mymensingh　2002年　(撮影：高橋幸水)
牧夫の呼びかけで、森から現れた豚の群れ。

竹棒を用いた繋留の豚　Mymensingh　1985年
豚の行動が制限されるため、豚は太りやすくなる。

木々に繋留された豚飼育　Rajshahi　2007年
集落の裏側で飼われていた。豚の周辺に排泄物があり餌として豚に与えられる。

小耳種型在来豚　Comilla　1986年
豚の胴体を繋留しての飼養。

小耳種型在来豚　Comilla　1986年（撮影：天野 卓）
Comillaは小耳種型在来豚とイノシシ型在来豚が混在する地域である。

極めて矮小の小耳種型在来豚　雌　Chittagong　1986年

小耳種型在来豚　雌　Bandarban　2007年

肉髯の小耳種型在来豚　雌　Kushtia　2007年

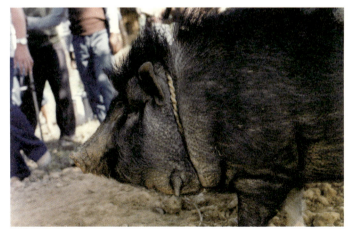
肉髯の小耳種型在来豚　雌　Tangail　2007年
大河ブラマプトラを境に南西部で高頻度であり、東部では極めて低頻度である。

インドのアッサムにおける在来豚と人

池谷 和信（国立民族学博物館 人類文明誌研究部）

人からみた豚

これまで豚は、先史学・考古学のアプローチから数千年前に西アジアと中国においてそれぞれイノシシが家畜化されて生まれたとされる。しかしながら、考古資料が乏しいためにどのようにして家畜化が起きたのかは明らかになっていない。筆者は、家畜化のヒントを求めて、畜産学の専門家（黒澤弥悦先生ほか）とともにバングラデシュ調査に参加することができた。その成果は、簡単にまとめられる。

バングラデシュのベンガルデルタには、豚の群れとともに生きる人々がいる（写真1）。彼らは、200頭余りの豚をひきつれて、自然の餌を求めて移動していく。その豚は、アジアで最も古い形の残る豚であるという。特定の放牧地があるわけではない。収穫後の畑、水田の畦、道路沿いの未利用地など、農民からみたら「雑草」が豚の餌になる。彼らは、ベンガル系イスラーム教徒が大部分を占める街の中、大きな橋の下の河原、ときにはゴミ捨て場などデルタの隅々まで歩き続けている。

その一方で、バングラデシュに隣接するインドにおいては豚の放牧が存在しているのか否かが知られていない。ここでは、インド北東部のアッサムにおいて筆者によって観察された豚の放牧の事例を紹介する。調査は，2014年12月および2015年3月にアッサムを広く車でまわり豚の群れを探す試みをした。

豚の日帰り放牧

インドのアッサム全体からみると、豚の日帰り放牧は一般的な飼育形態ではない（池谷、2019印刷中）。農村に暮らす住民の多くは、副業として少数（およそ2〜3頭）の豚を屋敷の周辺で「放し飼い」をしている。この場合は、個々の豚が群れを形成することはなく単独で行動している。

一方で、牧夫が付随することなく6頭の豚が自由に放牧している形を観察した（写真2）。筆者は、この群れを茶のプランテーションのなかで見つけて追跡調査を試みた。個々の豚は、餌を求めて農園の外へ自由

〈写真1〉豚の遊牧（バングラデシュ）　撮影：池谷和信

に移動していったが、お互いを気にしているようで特定の豚が次の場所に移動するとその個体から離れることなく移動していた。この行動は、豚の「放し飼い」とは異なっている。筆者は、自由に移動する群れの餌やこの群れがもどる定住村が存在するのか否かを同定することはできなかったが、筆者が群れに近づいても逃げることはなかった。

また別の地点では、1人の牧夫の管理のもとに25頭から構成される群れの豚が日帰りで放牧されていた（写真3）。そこは、収穫後の水田である。この場合、雨期と乾期に応じて放牧地が異なっている。個々の豚は土壌を掘り下げて、地中内の根の部分を採餌していた。この草は、農民からみれば雑草と評価されている。牧夫は、1本の杖を持っているが、豚が餌を食べている最中には何もしていない。おそらく次の放牧地へ向かう際には、牧夫の管理行動が必要とされるであろう。

このように2つの事例から、群れをつくる在来豚の放牧がみられる点では共通している。また、群れの大きさ（豚の頭数）に応じて牧夫の人数が変わるのではないかと思われる。数頭の豚では牧夫は0人、20頭を超えると1人になっている。

多様な飼養形態の共存

筆者らは、バングラデシュのベンガルデルタにおいて在来豚の遊牧の実態を報告してきた。そこでは、1000頭近い豚所有者の場合には、年齢に応じて豚の放牧集団を分け効率的な経営を行っていた。100頭近い豚の群れのサイズの場には、3～4人の牧夫が付随することが多かった。また、豚の飼育者は自らの土地を所有しておらず収穫後の耕作地を放牧地として利用していた。さらに、豚の餌として最も重要なのが野生のタロの根茎部である。

一方で、インド・アッサムにおける豚の放牧の事例では、定住集落から日帰りで放牧に出かけている点が特徴である。現時点では、年中にわたり移動し続ける遊牧を見出すことはできない。また、インド東部のオリッサ州では、海岸部近くで豚の放牧は行われていて、豚の群れとともに家族で移動する移牧が存在するといわれる。このように、南アジアの在来豚の飼育形態には、遊牧、移牧、日帰り放牧（定牧）の3類型を見出すことができる。

〈写真2〉牧夫の付随しない豚の放牧（インド）
撮影：池谷和信

〈写真3〉牧夫の付随する豚の放牧（インド）
撮影：池谷和信

《文献》池谷和信（2019印刷中）
アジアにおける豚の飼育形態―放牧、移牧、日帰り放牧。All about SWINE 54。

12. ネパール Nepal

調査／1989年

　ネパールにおける豚の飼養頭数は他の家畜種と比較すると決して多くない。従って在来豚の飼養は、山岳地平野部の限られた農村および都会の片隅で行われている。調査を実施した頃は、いくつかの欧米品種が導入され、養豚の改善に取り組まれていたが、依然として伝統的な粗放管理に適した在来豚の飼育が殆どで、カースト制度が存在するこの国では、その成果は余り上がっていなかった。現在、どのような状況かは明らかではないが、最近の情報によれば、かなりの欧米品種が各地で飼養されているという。

　ネパールの在来豚は山岳地において矮小で全身黒色のものが、凡そ50％と最も多く、次いで黒色で脚部が白色のものが観察された。これは豚を飼う下層カーストの人たちの宗教的理由から黒色の豚が好まれることにあるとされている。一方、インド国境の平野部では黒色と野生色のものが多く、体型的にはイノシシ型在来豚であった。中には外見的にイノシシと区別するのが難しい豚も散見された。常にイノシシからの遺伝子流入が生じている可能性がある。イノシシの飼育も観察されたことから、豚との交雑も行われたりすれば、その可能性も考えられる。

　飼養は山岳地と平野部とも街中や集落内での放し飼いであったが、平野部では10頭程の群れによる小規模の日帰りの移動放牧と思われる飼養法も存在している。

イノシシ型在来豚の群れ　Parasi　1989年
牧夫のいない群れは、バスターミナルのゴミ捨て場に向かう。

飼育イノシシ　Kathmandu　1989年
平野部からイノシシを連れ町に売りに向かう。イノシシの飼育は平野部の各地で散見され、豚との交配が行われる可能性がある。

豚の飼育舎　Butwal　1989年

小耳種型在来豚　Kathmandu　1989年

小耳種型在来豚　Kathmandu　1989年

ゴミ捨て場に集まるイノシシ型在来豚　Parasi　1989年

イノシシ型在来豚の移動放牧　Butwal　1989年
原野ではイノシシの群れのようでもある。

イノシシ型在来豚　Butwal　1989年
仔豚はウリ坊と黒の毛色を有しており、イノシシと豚の判別は難しい。
野生原種から家畜への連続した集団が存在している。

イノシシ型在来豚　Butwal　1989年
発達した鬣を有する特徴は、周辺地域に棲息するインドイノシシと類似する形質である。

イノシシ型在来豚の若齢個体　Butwal　1989年
イノシシの特徴であるウリ坊の毛色が消えかかっている個体がみられる。

小耳種型在来豚　雌　Kathmandu　1989年

13. ブータン Bhutan

調査／2005年

　ブータンの豚飼養は基本的には簡素な囲いの中で飼われており、稀に紐で豚の頸を括った飼養法や住居周辺での放し飼いも認められた。バングラデシュやネパール平野部で見られる移牧的な飼養は国土全域が山岳地であるブータンでは観察されなかった。形態特徴は頭部は細長く、耳は小さく立ち、小耳種型在来豚である。毛色はネパール同様、黒が基本であり、黒白斑や、中には鬣を持つ個体も見られた。バングラデシュやネパール平野部で飼われているようなイノシシ型在来豚ではない。また、頭部に長毛が見られる点は、むしろチベット豚の特徴をも有しているとも考えられる。乳頭数は対象型の5対を基本であるが、非対称型の5/6、6/7および7/8の乳頭数も認められ変異は著しい。

　蛋白・酵素型の解析では6PGD型においてニホンイノシシで稀に見出されている変異遺伝子 $6PGD^C$ が認められ、またネパール産イノシシが高頻度で持つ Am^C も東南アジア地域の在来豚よりも高頻度で存在し、この特徴は周辺の南アジア地域の在来豚と同様の傾向であった。とりわけ、ネパールのイノシシ型在来豚とは遺伝的に近い関係にあった。すなわち、これらの地域の在来豚とインドイノシシとの関係性が考えられ、イノシシからの遺伝子流入が定期的に生じている可能性がある。

小耳種型在来豚　雌　Punakha　2005年
体表に多少の皮皺があり、中国豚からの遺伝的影響も考えられる。

イノシシ型在来豚　雌　Tsirang　2005年
頭部が非常に長く、体型的にはネパール平野部およびバングラデシュ西側の豚に類似する。

小耳種型在来豚　雌　Tsirang　2005年
頭頂に若干の鬣がみられる。その特徴はチベット豚にもある。

小耳種型在来豚　雌　Punakha　2005年

14. スリランカ SriLanka

調査／1984年

　面積が65,610km²と北海道より小さいとされるスリランカでは、豚の飼養頭数は少なく、その飼育は主に西海岸地域の漁村に限られている。放し飼いの飼養形態である。形態特徴は黒色の豚が63％と過半数を占め、脚部または脚部から腹部にかけて白色を有するものがこれに次ぎ、白黒斑や野生色を含む褐色の在来豚も飼われていた。体型はいずれも矮性で、顔面直にして長く、耳は小さく立ち、背線および腹部が稍々垂下している。所謂、典型的な小耳種型在来豚とイノシシ型在来豚であった。殊に後者にはイノシシとは区別できない個体も飼われていた。

　雌の体尺測定値（体高＝46.26±34.2、体長＝63.29±7.92）は、インドネシアのスラウエシ島山岳地のトラジャ族の人たちが飼う豚集団と、ほぼ酷似していた。しかし、乳頭数は5/5〜7/8の変異が認められ、小耳種型在来豚としては多様な変異を有している。

　古来、地理的に海上交易の中継点となっていたことから、持ち込まれた欧米を品種をはじめとする他の外来種による雑種化の影響もかなり進んでいるものと考えられる。また農村部ではイノシシ飼育も行われていた。

小耳種型在来豚　雌　Peradeniya　1984年
体型的に胴体は豚であるが、頭部はイノシシ的でもある。

典型的なイノシシ型在来豚　雄　Peradeniya　1984年
毛色はイノシシの野生色を有しているが、顔面は梢々しゃくれており白髭もある。

イノシシ型在来豚　雌　Peradeniya　1984年
腹部は垂下し、小耳種型在来豚の特徴をも有している。

小耳種型在来豚　Negombo　1984年
東南アジア地域でみられる典型的な小耳種型在来豚の体型である。

121

雑種豚　Negombo　1984年
若干外来種による雑種化の影響が頭部と耳に現れている。

スリランカイノシシ（*Sus scrofa cristatus*）雌の飼育　Walipotayaya　1984年

15. インド India

調査／2010年

　インドは在来家畜の宝庫である。ゼブと呼ばれるインド牛の家畜化の起源地であり、また乳用水牛のムラーをはじめ羊や山羊などの遊牧家畜、駱駝、そして役用の象などが飼われ、家畜は豊である。また豚や鶏の野生原種である野鶏やインドイノシシも分布しており、とりわけイノシシの家畜化の起源地の一つにも挙げられている地域である。しかし、この国への調査は諸事情により、在来家畜研究会として正式に調査されたことはなく、これまで進めてきた中国をはじめ南アジアや東南アジアの周辺国における在来家畜との関連性について詳細は明らかではない。幸いバングラデシュ農業大学のM.O.Faruque博士の紹介でインドのKolkataとAssamでの調査の機会に恵まれた。

　先ず、インドの豚で注目したい点は、バングラデシュの西側地域で高頻度で観察した肉髯を有する豚がインドではどの程度、存在しているかである。結果は興味深いことに、Kolkataの周辺域では肉髯の豚は全く観察されず、また豚はイノシシ型在来豚であろうと予測していたが、殆どが欧米品種によって雑種化され、多様な形態分化を生じた豚が飼われていた。他の地域では多くの在来豚が飼われているという報告もあるが、北東部のAssam地方でも同様の結果である。

　豚は都市部ではカーストの下層階級社会で放し飼いにされ、ゴミ捨て場で餌を漁っていた。一方、農村部ではバングラデシュで行われている遊牧豚は観察されなかったが、さらに奥地では小規模な遊牧が存在するという報告がある。各地では多くの欧米品種が飼われており、現存する在来豚の雑種化はさらに進むと考えられる。

西洋豚　Assam　2010年
Large black種のような西洋品種が街道沿いの農村では飼われていた。明らかにアジアの在来豚との形態特徴の違いが判る。

ゴミ捨て場に集まる豚　Kolkata　2010年

街中の豚　Kolkata　2010年
欧米品種との雑種化が進んでいる。

雑種豚　雌　Assam　2010年

イノシシ型在来豚の移動放牧　Assam　2013年（撮影：池谷和信）
街道沿いを離れた奥地で観察され、牧夫はいない。インドイノシシと同様、鬣が発達している。

森から現れたイノシシ型在来豚　Assam　2013年（撮影：池谷和信）

《参考資料》

論文・図書等　アジアの在来家畜【家畜の起源と系統史】：在来家畜研究会編 名古屋大学出版会、2009.
ブタの科学：鈴木啓一編　シリーズ〈家畜の科学〉朝倉書店 東京 2014.
Fischer. H., and Devendra, C. : Origin and Perormance of Local Swine in Malaya. Z. Tierzücht. Züchtngsbiol. 79 : 356-370, 1964.
黒澤弥悦：南西諸島の島豚とイノシシ−その知られざる関係.（特集 沖縄の在来家畜と人）　BIOSTORY，生き物文化誌学会　vol.27 22-27, 2017.
Kurosawa, Y., Tanaka, K., Tomita, T., Katsumata, M., Masangkay, J. S. and Lacuata, A. Q. Blood groups and biochemical polymorphisms of Warty(or Javan) pigs, Bearded pigs and a hybrid of Domestic x Warty pigs in the Philippines. Jpn. J. Zootech. Sci., 60 : 57-69. 1989.
Haltenorth, Th. : Klassifikation der Säugetiere, Artiodactyla, Handbuch der Zoologie(32). Walter de Gruyter, Berlin, 1963.
蒔田徳義：台湾在来豚桃園種とBerkshire種との品種間雑種の育種遺伝学的研究.　静岡大学農学部畜産学教室 1965.
西谷 大：豚便所−飼養形態からみた豚文化の特質―.　国立歴史民俗博物館研究 第90集 79-149 2001.
世界家畜品種事典：監修：正田陽一　東洋書林、2006.

在来家畜研究会
報告書等
日本在来家畜調査団報告　第1号　1964年　（特集：日本）
日本在来家畜調査団報告　第2号　1967年　（特集：琉球）
在来家畜調査団報告　　　第3号　1969年　（特集：台湾）
在来家畜研究会報告　　　第6号　1974年　（特集：タイ）
在来家畜研究会報告　　　第7号　1976年　（特集：マレーシア）
在来家畜研究会報告　　　第8号　1978年　（特集：フィリピン）
在来家畜研究会報告　　　第10号　1983年　（特集：インドネシア）
在来家畜研究会報告　　　第11号　1986年　（特集：スリランカ）
在来家畜研究会報告　　　第12号　1988年　（特集：バングラデシュ）
在来家畜研究会報告　　　第13号　1990年
在来家畜研究会報告　　　第14号　1992年　（特集：ネパール）
在来家畜研究会報告　　　第18号　2000年　（特集：ラオス）
在来家畜研究会報告　　　第19号　2001年　（特集：中国）
在来家畜研究会報告　　　第21号　2004年　（特集：ミャンマー）
在来家畜研究会報告　　　第22号　2005年
在来家畜研究会報告　　　第23号　2006年　（特集：カンボジア）
在来家畜研究会報告　　　第24号　2007年　（特集：ブータン）
在来家畜研究会報告　　　第25号　2010年　（特集：バングラデシュ）
日中農交在来家畜学術技術交流国 訪中報告「中国の在来家畜 牛・馬・山羊・豚・アヒル・ガチョウ」日本中国農業農民交流協会 1983年
田中一榮、黒澤弥悦、関根一五郎、広田哲宏、我謝秀雄　南西諸島における在来豚の遺伝的特性.動物遺伝資源としての在来家畜の評価に関する研究（研究課題番号 03304023）
　平成5年度科学研究費補助金（総合研究A 研究成果報告書 研究代表者 橋口 勉）

編集後記　再び在来豚について考える

　調査では現地の専門家に案内され行われるが、国々の担当者によって在来家畜の捉え方が異なることがある。畜産学の専門家でも在来豚を対象としていないと、その捉え方が様々である。

　2002年、カンボジアでの調査である。マーケットや屠場に案内され、運ばれてきた多くの豚について「在来ですか?」と尋ねる。「在来だ」と案内人は答える。中国をはじめアジアの国々の在来豚を調査してきた編者にとって、どうしても欧米品種や中国系豚との雑種化によって多様な姿形を有している豚であっても、彼らは、在来だと決めつけるのである。後で、「アンコールワットの遺跡群のレリーフに描かれていたイノシシ型在来豚やベトナム国境沿いの山岳地で暮らす少数民族が飼う小耳種型在来豚が、貴方の国の典型的な在来豚です」と伝えると、驚かれている様子だった。これにはこの国の悲しい歴史である、ポルポト政権下の恐怖政治が影響していると思われる。在来家畜を知る学者や知識人の殆どは虐殺され、少なくとも詳細な家畜に関する学術情報も受け継がれることなく、今日に至っているのだろう。

　家畜は人間と常に身近にいる存在である。普段から触れていなければ、その家畜の特徴など分かるものではない。在来家畜を専門とする我々ですら、研究対象の家畜種が異なれば、在来なのか、雑種なのかなど、判別不可能で見間違いすることが多々ある。かつて、わが国でもアジアの在来豚が紹介され、学会などでも取り上げられたりすると、単に毛色が黒であったり、稀々背中が凹んでいる特徴であれば、在来種と思い込んでいたこともあった。

　本書では、アジアの在来豚、或いは比較として欧米品種との雑種と思われる豚、更にはイノシシとの交雑種まで紹介したことで、様々な豚の特徴を知ることができたのではないだろうか。またアジアの在来豚について、国内外に残されている史料のいくつかを蒐集・調査し、紹介した。これらは写真資料と比較してみることで、在来豚とは如何なる豚なのかを考え、さらに知る機会となったのではないだろうか。

　　2019年3月28日

　　　　　　　　　　　　　　　　　　黒澤　弥悦

謝辞

　先ず、本書の刊行にあたり、在来家畜研究会に対し心より御礼を申し上げたい。何故なら本書で使用されている写真をはじめ多くのデータは、同研究会が派遣した海外学術研究の一環として取り組ませて頂いたものであり、決して編者だけで成し得ることではなかったからである。研究代表者として調査全体にわたって御指導された先生方をはじめ、殊に豚の調査では、その排泄物などに汚れながらも、時には熱帯の猛暑と、決して衛生的ではない中で、豚の保定や記録の補助をなされた研究会の先生方、そして何よりも調査国では多くの現地スタッフの皆様には、本研究に対し御理解と御指導を頂き、調査が無事に終了し完結できたことに重ねて感謝を申し上げたい。

　また本書を纏めるにあたり、国立民族学博物館教授・池谷和信氏をはじめ広島大学准教授・西堀正英氏と前沖縄こどもの国園長・高田勝氏には多方面にわたり、御助言と御指導を頂き、また本書にも快く御寄稿して頂いた。そして、編者の写真撮影が不十分なところもあり、快く新たな写真を御提供下さった西北農業大学教授の常洪氏、バングラデシュ農業大学教授のM.O.Faruque氏、研究会の先生方、さらには貴重な史料をご提供された鹿児島大学附属図書館、古河歴史博物館、東京国立博物館、長崎歴史文化博物館、名護博物館ならびに関係者に対し御礼を申し上げる。

　また本学「食と農」の博物館の江口文陽館長をはじめ職員の皆様には、企画展「ブタになったイノシシたち展－Wild Boars Becoming Pigs」の記念出版としての刊行を快く勧めて下さり、大変お世話になった。そして本書の編集と装丁のデザインを一気にお引き受けて下さったデザイン工房エスパス・木村正幸氏のお力がなければ、今回の刊行本には至らなかったと思う。ここに厚く御礼を申し上げる。

《執筆関係者》

田中 一榮
1930年三重県生まれ。東京農業大学名誉教授。元日本養豚学会会長。農学博士。

黒澤 弥悦
1953年岩手県生まれ。東京農業大学「食と農」の博物館・学術情報課程教授。農学博士。学芸員。

池谷 和信
1958年静岡県生まれ。国立民族学博物館・人類文明誌研究部教授。博士（理学）。

高田　勝
1960年東京都生まれ。前公益財団法人沖縄こどもの国園長。農業生産法人（有）今帰仁アグー代表。

西堀 正英
1962年滋賀県生まれ。広島大学大学院生物圏科学研究科准教授。ビサヤン州立大学客員教授。博士（農学）。

写真と史料でみる

アジアの在来豚

Domestic Pigs Indigenous to Asia :
A Photo and Historical Illustration Record

企画・編集
田中 一榮 ・ 黒澤 弥悦　編著
東京農業大学「食と農」の博物館

発行所
東京農業大学出版会
〒156-8502 東京都世田谷区桜丘1-1-1
TEL. 03-5477-2666

装丁・デザイン
デザイン工房エスパス（木村 正幸、山本 亜希子）

印刷
青森コロニー印刷

製本
時田製本印刷株式会社

発行日
2019年3月28日

ⓒ 2019 TOKYO UNIVERSITY OF AGRICULTURE